FORSCHUNGSBERICHT DES LANDES NORDRHEIN-WESTFALEN

Nr. 2697/Fachgruppe Mathematik/Informatik

Herausgegeben im Auftrage des Ministerpräsidenten Heinz Kühn
vom Minister für Wissenschaft und Forschung Johannes Rau

Gabriele Dickmeis
Dipl.-Math. Werner Dickmeis
Lehrstuhl A für Mathematik
der Rhein.-Westf. Techn. Hochschule Aachen


Beste Approximation
in Räumen von beschränkter p-Variation

WESTDEUTSCHER VERLAG 1977

CIP-Kurztitelaufnahme der Deutschen Bibliothek

Dickmeis, Gabriele
Beste Approximation in Räumen von beschränkter
p-Variation / Gabriele Dickmeis; Werner Dickmeis.
- 1. Aufl. - Opladen: Westdeutscher Verlag,
1977.
  (Forschungsberichte des Landes Nordrhein-
  Westfalen; Nr. 2697 : Fachgruppe Mathematik,
  Informatik)
  ISBN-13: 978-3-531-02697-8    e-ISBN-13: 978-3-322-88190-8
  DOI: 10.1007/978-3-322-88190-8
NE: Dickmeis, Werner:

© 1977 by Westdeutscher Verlag GmbH, Opladen
Gesamtherstellung: Westdeutscher Verlag

ISBN-13: 978-3-531-02697-8

Inhalt                                                                 Seite

1. Einleitung                                                            1

2. Definitionen der p-Variation                                          5

   2.1  Verschiedene gebräuchliche Definitionen                          5
   2.2  p-Variation und Translationsinvarianz                            8
   2.3  Weitere Definitionen                                             9

3. Räume von Funktionen von beschränkter p-Variation                    10

   3.1  Die Wiener Klassen $W^p$                                        10
   3.2  Die Teilräume $V^p$                                             15

4. Approximationstheorie in den Räumen $V^p_{2\pi}$                     20

   4.1  Grundlagen                                                      20
   4.2  Überprüfung der Voraussetzungen                                 22
   4.3  Hauptsatz für die beste Approximation in $V^p_{2\pi}$           26
   4.4  Lipschitzklassen in $V^p_{2\pi}$                                27
   4.5  Fehlerschranken für $S_n(f)$ und $\sigma_n(f)$                  29

Literaturverzeichnis                                                    33

## 1. Einleitung

Die Verallgemeinerung des bekannten Begriffs der beschränkten (totalen) Variation einer Funktion f über einem Intervall der reellen Achse zur sogenannten beschränkten p-Variation $V_p(f)$, $1 \leq p \leq \infty$, erfolgte durch N. Wiener [46], und zwar um ein Kriterium für die Konvergenz von Fourierreihen zu erhalten. Tatsächlich ist gerade die Beschränktheit der p-Variation eine hinreichende Bedingung für die Konvergenz der Fourierreihe einer stetigen Funktion (vgl. Abschnitt 4.4). Kriterien für die Konvergenz der Fourierreihe zu erhalten, war auch Motivation für eine weitere Verallgemeinerung zur sogenannten beschränkten $\Phi$-Variation (vgl. Abschnitt 2.1).

Diese Arbeit befaßt sich hauptsächlich mit den Funktionen von beschränkter p-Variation, und zwar vom Standpunkt der Approximationstheorie aus. Es werden dabei vor allem Konvergenzaussagen mit Approximationsordnungen angestrebt. So werden dann auch in Abschnitt 4.4 Fehlerabschätzungen für die n-te Teilsumme der Fourierreihe und für die Fejérschen arithmetischen Mittel hergeleitet.

In Abschnitt 2.1 geben wir die gebräuchlichsten Definitionen für Funktionen von beschränkter p-Variation an. Diese zum Teil formal recht unterschiedlichen Definitionen, die nur selten miteinander verglichen wurden, sind jedoch gleich in dem Sinne, daß die Endlichkeit der verschiedenen p-Variationen für ein festes p immer zur gleichen Funktionenklasse führt. Für unsere Zwecke ist jedoch die in Abschnitt 2.2 gegebene Definition (Definition 1) am besten geeignet, da sie für $2\pi$-periodische Funktionen den Wert der p-Variation unabhängig von dem jeweils zugrundegelegten Intervall der Länge $2\pi$ bestimmt (vgl. (2.6)). Diese Translationsinvarianz ist nämlich fundamental für die Gültigkeit von Jackson- und Bernstein-Ungleichungen, die in Abschnitt 4.3 benötigt werden. In Abschnitt 2.3 wird kurz auf die Verallgemeinerung der p-Variation zur $\Phi$-Variation eingegangen, sowie auf die Möglichkeit einer weiteren Verallgemeinerung des klassischen Begriffs der totalen Variation einer Funktion hingewiesen.

Im dritten Kapitel beschäftigen wir uns vor allem mit den Eigenschaften derjenigen Funktionenräume, die durch die Beschränktheit der p-Variation definiert sind. In Abschnitt 3.1 untersuchen wir diese nach N. Wiener benannten Klassen $W^p$ und geben mehrere in der Literatur übliche Normen für diese Räume an. Auch hier wählen wir unter dem Gesichtspunkt der Translationsinvarianz diejenige Norm, für die der Raum ein homogener Banachraum wird und die deshalb für unsere Zwecke am geeignetsten ist. In Abschnitt 3.2 werden gewisse Teilräume von $W^p$ betrachtet. Die Definition der Teilräume $V^p$ beruht dabei im wesentlichen auf einer mit wachsendem p, $1 \leq p \leq \infty$, zunehmende Abschwächung der absoluten Stetigkeit, so daß $V^1$ aus den absolut stetigen und $V^\infty$ aus den gewöhnlich stetigen Funktionen besteht. Umgekehrt wird bei der Definition der Teilräume $C^p$ die übliche Stetigkeitsbedingung verschärft. Daher steht bei A.P. Terehin [41] ein verallgemeinerter Stetigkeitsmodul (vgl. Abschnitt 2.1) im Vordergrund, der diese Bedingung beschreibt. Für eine dritte Definition von Teilräumen $W*^p$ bzw. $CW*^p$ ist das Verhalten der Funktionen in ihren Unstetigkeitsstellen maßgebend. Wie dann aus der in Lemma 3 angegebenen Tabelle, die die Inklusionen zwischen den hier vorgestellten Räumen angibt, unter anderem ersichtlich ist, sind die Räume $V^p$, $C^p$ und $CW*^p$ für $1 < p \leq \infty$ identisch und bestehen aus den in der $W^p$-Topologie stetigen Funktionen (vgl. Lemma 5). Daß die in Lemma 3 angegebenen Inklusionen der Räume echt sind, wird durch Beispiele belegt. Es ist zu bemerken, daß wesentliche Teile dieser Ergebnisse von E.R. Love [27] bewiesen wurden.

Im vierten und letzten Kapitel, in dem Approximationssätze in den Räumen $V^p_{2\pi}$ untersucht werden, kommen wir schließlich zu den Hauptergebnissen dieser Arbeit. Dazu werden in Abschnitt 4.1 allgemeine Grundlagen und Hilfsmittel bereitgestellt und im folgenden Abschnitt 4.2 dann verifiziert. An dieser Stelle wird dann auch die Translationsinvarianz der von uns gewählten Norm in $W^p$ entscheidend benutzt, da die benötigten Jackson- und Bernstein-Ungleichungen nun sofort aus allgemeinen Ergebnissen für homogene Banachräume gefolgert werden können, also nicht gesondert hergeleitet werden müssen. Mit Hilfe der Translationsoperatoren (vgl. (2.7)) definieren wir analog zu den klassischen Fällen einen Stetigkeitsmodul, der dann auch mit dem K-Funktional (im Sinne von (4.6)) verträglich ist. In diesem Abschnitt sind wiederum Ergebnisse von E.R. Love von zentraler Bedeutung. In Abschnitt 4.3 erhalten wir schließlich als Anwendung des allgemeinen Approximationssatzes von P.L. Butzer - K. Scherer [14,15] (siehe auch [25]) einen Äquivalenzsatz über die beste Approximation durch Polynome in der $W^p$-Topologie für $V_{2\pi}^p$, der einen Jackson-Typ-Satz, einen Umkehrsatz vom Bernstein-Typ, einen Satz über simultane Approximation und einen Satz vom Zamansky-Typ mit den entsprechenden Umkehrungen beinhaltet. In Abschnitt 4.4 werden Lipschitzklassen definiert, die sich bezüglich der Differentiation ihrer Elemente genauso verhalten wie die bekannten klassischen Lipschitzklassen. Aus den bisher gewonnenen Ergebnissen erhalten wir in Abschnitt 4.5 Konvergenzaussagen für die n-ten Teilsummen der Fourierreihe $S_n(f)$ und für die Fejérschen arithmetischen Mittel der Fourierreihe $\sigma_n(f)$ von Funktionen $f \in V_{2\pi}^p$, $1 \leq p \leq \infty$. Für Funktionen $f \in V_{2\pi}^p$, $1 \leq p < \infty$, können wir die bekannte reine Konvergenzaussage $\lim_{n \to \infty} \|S_n(f)-f\|_C = 0$ für $f \in CW_{2\pi}^p$, $1 \leq p < \infty$, nun auch mit Konvergenzordnungen versehen (N = Menge der natürlichen Zahlen):

$$\|S_n(f)-f\|_C = O(n^{-\alpha}) \qquad (n \to \infty),$$

falls $f \in \text{Lip}_s(\alpha; V_{2\pi}^p)$, $0 < \alpha < s$, $s \in \mathbb{N}$, $1 \leq p < \infty$, (siehe Satz 3). Für die Fejér-Polynome $\sigma_n(f)$ erhalten wir (Satz 4) sogar eine Approximationsaussage in der stärkeren $W^p$-Topologie:

$$\|\sigma_n(f)-f\|_p = \begin{cases} O(n^{-1}), & \alpha > 1, \\ O(n^{-1} \log n), & \alpha = 1, \\ O(n^{-\alpha}), & \alpha < 1, \end{cases} \qquad (n \to \infty),$$

falls $f \in \text{Lip}_s(\alpha, V_{2\pi}^p)$, $0 < \alpha < s$, $s \in \mathbb{N}$, $1 \leq p \leq \infty$. Dies ist im Fall $p = \infty$ das bekannte bestmögliche Ergebnis. Im Fall $p = 1$ erhalten wir (z.B. für $\alpha = 1$) nicht nur

$$\|\sigma_n(f) - f\|_C = O(n^{-1} \log n) \qquad (n \to \infty),$$

sondern zusätzlich für die Ableitungen

$$\int_0^{2\pi} \left| \frac{d}{du} [\sigma_n(f)(u) - f(u)] \right| du = O(n^{-1} \log n) \qquad (n \to \infty),$$

was eine Aussage über simultane Approximation ist. Für $1 < p < \infty$ ist die Aussage von Satz 4 also als intermediäre Approximationsaussage zwischen den beiden Grenzfällen der gewöhnlichen Approximation ($p = \infty$) und der simultanen Approximation ($p = 1$) anzusehen.

Zum Schluß sei erwähnt, daß schon in den Arbeiten P.L. Butzer - W. Oberdörster [11;12] Funktionen von beschränkter Variation eine wichtige Rolle im Zusammenhang mit den Darstellungssätzen von linearen Funktionalen über $C[a,b]$, $C(\mathbb{R})$, $C_o(\mathbb{R})$ und $C_{oo}(\mathbb{R})$ gespielt haben. Es erschien also zweckmäßig, im Anschluß an diese Arbeiten Funktionen von beschränkter p-Variation zu untersuchen.

Der Beitrag des erstgenannten Verfassers wurde im Rahmen des Forschungsvorhabens "Momentenprobleme, Darstellungssätze für lineare Funktionale mit Anwendungen", Geschäftszeichen II B7 - FA 5843, vom Minister für Wissenschaft und Forschung des Landes Nordrhein-Westfalen gefördert. Diese Abhandlung stellt einen weiteren Zwischenbericht zu diesem Vorhaben dar. Der Beitrag des zweitgenannten Autors wurde zum Teil durch die Deutsche Forschungsgemeinschaft (Bu 166/30) unterstützt.

Die Autoren bedanken sich bei Herrn Dr. H.J. Wagner für das Interesse an diesem Thema, insbesondere in Zusammenhang mit der Arbeit G. Dickmeis [17], die als Vorläufer dieser Arbeit anzusehen ist, sowie bei Herrn Professor Dr. P.L. Butzer, Herrn Prof. Dr. E.R. Love (Melbourne) und Herrn Dr. L. Hahn für die kritische Durchsicht des Manuskripts und den vielen wertvollen Hinweisen, die sehr zum Zustandekommen dieser Arbeit beigetragen haben.

Wir danken auch Frau M. Hennekes für die sorgfältige Gestaltung des Manuskripts.

## 2. Definitionen der p-Variation

### 2.1 Verschiedene gebräuchliche Definitionen

Zur Definition einer Funktion $f: [a,b] \to \mathbb{R}$ von beschränkter p-Variation sind in der Literatur mehrere Ansätze üblich. Vielfach geht man von Zerlegungen Z des abgeschlossenen und beschränkten Intervalls $[a,b]$ der reellen Achse $\mathbb{R}$ aus und definiert

$$(2.1) \quad V_p(f;Z,a,b) = V_p(f;Z) = \begin{cases} \{\sum_{k=0}^{n-1} |f(x_{k+1})-f(x_k)|^p\}^{1/p}, & (1 \leq p < \infty), \\ \sup_{0 \leq k < n} |f(x_{k+1})-f(x_k)|, & (p = \infty), \end{cases}$$

$$(2.2) \quad V_p(f;a,b) = V_p(f) = \sup_Z V_p(f;Z,a,b).$$

Dabei betrachtet M. Bruneau [5,6] (in [5] in Banachraumterminologie) Zerlegungen Z der Form

$$(2.3) \quad Z = \{x_0 < x_1 < \ldots < x_n\} \subset [a,b],$$

für die er gemäß (2.1) $V_p(f,Z)$ bildet und über die er in (2.2) das Supremum nimmt. B.I. Golubov [19] betrachtet dagegen für (2.1) und (2.2) nur Zerlegungen Z der Form

$$Z = \{a = x_0 < x_1 < \ldots < x_n = b\}.$$

Ebenso verfahren E.R. Love [27], A.P. Terehin [42] und

und R.N. Siddiqui [36]. In Arbeiten von L.C. Young [48],
A.P. Terehin [41,43], B.I. Golubov [21], R.N. Siddiqui [37]
und in ähnlicher Form bei N. Wiener [46] wird zunächst in
(2.2) nur das Supremum über die Zerlegungen Z gebildet mit

$$\|Z\| := \sup_{0 \leq k < n} |x_{k+1} - x_k| \leq \delta ,$$

und erhält somit aus (2.2) die Größen $V_p^\delta(f)$. Mit $V_p(f)$ bezeichnen sie dann den Grenzwert

(2.4) $$V_p(f) := \lim_{\delta \to 0+} V_p^\delta(f) .$$

Eine weitere Möglichkeit, Funktionen von beschränkter p-Variation einzuführen, kann man z.B. in E.R. Love - L.C. Young [28] finden. Dort ist

(2.5) $$V_p(f) := \begin{cases} \sup\{\sum_{k=1}^{n} |f(b_k) - f(a_k)|^p\}^{1/p} & (1 \leq p < \infty), \\ \sup \sup_{1 \leq k < n} |f(b_k) - f(a_k)| & (p = \infty), \end{cases}$$

wobei das Supremum über alle möglichen endlichen Folgen $\{(a_k, b_k)\}_{k=1}^{n}$ von paarweise disjunkten offenen Teilintervallen $(a_k, b_k) \subset [a,b]$ gebildet wird.

Bei allen oben genannten Autoren heißt eine Funktion $f: [a,b] \to \mathbb{R}$ dann von beschränkter p-Variation auf [a,b], wenn gilt $V_p(f) < \infty$.

Sämtliche oben beschriebenen verschiedenen p-Variationsbegriffe $V_p(f)$, induziert durch die jeweiligen Betrachtungsweisen, definieren jedoch stets die gleiche Klasse von Funktionen (siehe Abschnitt 3.1), wenn auch der Wert von $V_p(f)$ jeweils verschieden sein kann. Dies ergibt sich aus elementaren Abschätzungen, wie auch aus der folgenden Überlegung ersichtlich ist. Exemplarisch zeigen wir hier, daß der Variationsbegriff $V_p(f)$ nach M. Bruneau gemäß (2.2) endlich ist, wenn die Variation $V_p(f)$ gemäß (2.4) endlich ist.

Sei also $\lim_{\delta \to 0+} V_p^\delta(f) < \infty$. Dann gibt es eine Zahl $M(f) > 0$ und ein $\delta_o > 0$, so daß $V_p^\delta(f) \leq M(f)$ für alle $\delta \leq \delta_o$. Sei nun Z eine beliebige Zerlegung der Form (2.3). Setzt man

$$M_1 = \{x_j \in Z; |x_{j+1} - x_j| \leq \delta_o\}$$

$$M_2 = \{x_j \in Z; |x_{j+1} - x_j| > \delta_o\} \quad (= Z \setminus M_1),$$

dann ist

$$V_p(f;Z) = \{\sum_{k=0}^{n-1} |f(x_{k+1}) - f(x_k)|^p\}^{1/p}$$

$$= \{(\sum_{x_k \in M_1} + \sum_{x_k \in M_2}) |f(x_{k+1}) - f(x_k)|^p\}^{1/p}$$

$$\leq \{\sum_{x_k \in M_1} |f(x_{k+1}) - f(x_k)|^p\}^{1/p} + \{\sum_{x_k \in M_2} |f(x_{k+1}) - f(x_k)|^p\}^{1/p}$$

$$\leq V_p^{\delta_o}(f) + 2\|f\|_C ((b-a)/\delta_o)^{1/p} \leq \tilde{M}(f) < \infty,$$

da die erste Summe durch ein $V_p(f,\tilde{Z})$ mit $M_1 \subset \tilde{Z}$ und $\|\tilde{Z}\| \leq \delta_o$ majorisiert werden kann, und da $\|f\|_C := \sup_{x \in [a,b]} |f(x)|$ *) endlich ist, wenn $V_p^{\delta_o}(f)$ endlich ist (vgl. Lemma 1(i)). Somit ist für $1 \leq p < \infty$ alles bewiesen. Für $p = \infty$ verläuft der Beweis analog.

---

*) Die Bezeichnung $\|\circ\|_C$ wird hier nicht nur für stetige, sondern allgemeiner auch für beschränkte Funktionen benutzt.

Zu den obigen Definitionen ist zu bemerken, daß sie im Fall
p = 1 alle auf die übliche Definition einer Funktion von beschränkter Variation führen. Für p = ∞ ist sie in den zitierten Arbeiten zwar nicht immer explizit angegeben, jedoch offensichtlich von p < ∞ auf p = ∞ so zu erweitern. In der Arbeit von
A.P. Terehin [41] wird die Größe $V_p^\delta(f)$ als ein Stetigkeitsmodul
interpretiert, bezeichnet mit $\omega_{1-1/p}(f,\delta)$, was im Fall p = ∞
genau den üblichen Stetigkeitsmodul reproduziert.

## 2.2 p-Variation und Translationsinvarianz

Im Falle 2π-periodischer Funktionen sind die obigen Definitionen ebenfalls gebräuchlich. Im allgemeinen gilt jedoch nicht

$$V_p(f;0,2\pi) = V_p(f;a,a+2\pi) \qquad (a \in \mathbb{R}).$$

Der Wert $V_p(f;a,a+2\pi)$ hängt also von $a \in \mathbb{R}$ ab, d.h. von dem zugrundegelegten Intervall $[a,a+2\pi]$. Um dies zu vermeiden, definiert z.B. B.I. Golubov [23;24] für 2π-periodische Funktionen
$f: \mathbb{R} \to \mathbb{R}$

$$V_p(f) := \sup_{a \in \mathbb{R}} V_p(f;a,a+2\pi).$$

Diese Größe hat die wichtige Eigenschaft

(2.6) $$V_p(f) = V_p(T_h f),$$

wobei die Translationsoperatoren $T_h$ definiert sind durch

(2.7) $$[T_h f](x) := f(x+h) \qquad (x,h \in \mathbb{R}),$$

d.h. $V_p(f)$ ist translationsinvariant. Um jedoch für 2π-periodische, sowie für nichtperiodische Funktionen auf $\mathbb{R}$ bzw. auf
$[a,b]$ die gleiche Definition für $V_p(f)$ benutzen zu können,
ohne auf (2.6) verzichten zu müssen, definieren wir:

*Definition 1:* *Eine Funktion f: [a,b] → R heißt von beschränkter p-Variation auf [a,b], falls*

$$(2.8) \quad V_p(f) := \begin{cases} \sup \left\{ \sum_{k=0}^{n} |f(x_{k+1})-f(x_k)|^p \right\}^{1/p} & (1 \leq p < \infty), \\ \sup \sup_{0 \leq k \leq n} |f(x_{k+1})-f(x_k)| & (p = \infty), \end{cases}$$

*endlich ist. Dabei bildet man das Supremum über alle Zerlegungen Z der Form (2.3),*

$$Z = \{x_0 < x_1 < \ldots < x_n\} \subset [a,b],$$

*und setzt $x_{n+1} := x_0$. Im Falle $2\pi$-periodischer Funktionen wird $[a,b] := [0,2\pi]$ gesetzt.*

Wie man leicht sieht, ist diese Definition äquivalent zu den bisher angegebenen Definitionen. Außerdem hat man im periodischen Fall auch die Translationsinvarianz (2.6). Falls es nicht ausdrücklich anders gesagt wird, soll im folgenden stets die Definition für $V_p(f)$ gemäß (2.8) benutzt werden.

## 2.3 Weitere Definitionen

Eine Verallgemeinerung des Begriffs der p-Variation zur sogenannten Φ-Variation (auch M-Variation) findet man z.B. in L.C. Young [49], J. Musielak - W. Orlicz [30], J. Albrycht - J. Musielak [1], R. Taberski [40], K.I. Oskolkov [32], R. Leśniewicz - W. Orlicz [26] und Z.A. Čanturija [16]. Dort werden die in (2.1) auftretenden Potenzen $|f(x_{k+1}) - f(x_k)|^p$ ersetzt durch $\Phi(|f(x_{k+1}) - f(x_k)|)$, wobei $\Phi$ eine Funktion von $[0,\infty)$ in sich ist mit gewissen Eigenschaften, die auch von der speziellen Funktion $\Phi(u) = u^p$, $u \geq 0$, $1 \leq p < \infty$ erfüllt werden.

Eine ganz anders geartete Verallgemeinerung des Begriffs der beschränkten Variation gibt G. Brown [3;4] (siehe dazu auch A.M. Russell [33;34]) an. Die dort charakterisierten Funktionen von beschränkter n-ter Variation zerfallen dann in eine Differenz von Funktionen

$$BV_n(f) < \infty \Leftrightarrow f = f_1 - f_2, \quad f_1, f_2 \in A_n,$$

wobei

$$A_n := \{f \in C[a,b]; \Delta_h^n f \geq 0 \text{ für alle } h > 0\},$$

und

(2.9) $$(\Delta_h^n f)(x) := \sum_{k=0}^{n} \binom{n}{k} (-1)^{n-k} f(x+kh) \qquad (x, h \in \mathbb{R}).$$

Im Fall $n = 1$ ist dies genau der bekannte Zerlegungssatz von Jordan:

$$BV_1(f) < \infty \Leftrightarrow f = f_1 - f_2 \quad \text{mit } f_1, f_2 \text{ monoton wachsend.}$$

Mit dieser Definition von $BV_n(f)$, die offensichtlich nicht in engerem Zusammenhang mit dem in Definition 1 (bzw. in (2.2 - 5)) gegebenen Begriff der p-Variation steht, wollen wir uns hier nicht weiter beschäftigen.

## 3. Räume von Funktionen von beschränkter p-Variation

### 3.1 Die Wiener Klassen $W^p$

In diesem Abschnitt betrachten wir die Klasse aller Funktionen von beschränkter p-Variation, die nach N. Wiener ([46]) auch Wiener Klasse $W^p$ genannt wird.

*Definition 2:* *Sei f eine Funktion* $f: [a,b] \to \mathbb{R}$ *bzw.* $f : \mathbb{R} \to \mathbb{R}$, $2\pi$-*periodisch, dann sind die Wiener Klassen* $W^p$ *definiert durch*

$$W^p[a,b] := \{f; V_p(f;a,b) < \infty\} \qquad (1 \leq p < \infty),$$

$$W^\infty[a,b] := \{f; V_\infty(f;a,b) < \infty, f \text{ meßbar auf } [a,b]\} \qquad (p = \infty),$$

bzw. wenn f $2\pi$-periodisch ist

$$W^p_{2\pi} := W^p[0, 2\pi] \qquad (1 \leq p \leq \infty).$$

Wenn die Aussage in beiden Fällen gilt, schreiben wir statt $W^p[a,b]$ und $W^p_{2\pi}$ nur kurz $W^p$.

Offensichtlich ist $W^1$ = BV, die Menge der Funktionen von beschränkter Variation im üblichen Sinn. Die zusätzliche Bedingung der Meßbarkeit der Funktion f im Fall $p = \infty$ wird im Hinblick auf Teil (iii) des folgenden Lemmas verständlich.

<u>Lemma 1:</u> Falls $f \in W^p$, $1 \leq p < \infty$, dann gilt

(i)     f ist beschränkt, d.h.: $\|f\|_C < \infty$,

(ii)    f hat höchstens abzählbar unendlich viele Unstetigkeitsstellen, und diese sind von erster Art,

(iii)   f ist meßbar.

Der Beweis zu (i) wird analog zum Beweis im Fall $p = 1$ mit Hilfe der speziellen Zerlegung $Z_x = \{a,x,b\}$ geführt. Der Beweis zu (ii) findet sich bei N. Wiener [46]. Sei $D := \{y_k, k \in \mathbb{N}\}$ die Menge aller Unstetigkeitsstellen von f, dann ist $E := [a,b] \setminus D$ eine meßbare Menge und die Restriktion von f auf E eine stetige, also auch meßbare Funktion. Daraus folgt dann die Behauptung (iii).

Für $p = \infty$ gelten die Aussagen (i) und (iii) trivialerweise, (ii) jedoch nicht, wie die Funktion f, definiert durch $f(x) = 1$ für rationale x und $f(x) = 0$ für irrationale x, zeigt.

Die Klassen $W^p$, $1 \leq p \leq \infty$, können nicht mit $V_p(f)$ gemäß (2.8) (oder (2.2),(2.5)) normiert werden. $V_p(f)$ hat zwar die Eigenschaften einer Halbnorm, wie man leicht mit der Minkowski-Ungleichung nachprüft, ist aber nicht positiv definit:

$$V_p(f) = 0 \leftrightarrow f = \text{const.}$$

Betrachtet man nun wie in M. Bruneau [6,S.2] den Faktorraum $W^p/K$, wobei K den Raum der konstanten Funktionen bezeichnet, dann ist dieser ein normierter linearer Raum. Man kann aber auch durch Addition einer geeigneten Größe zu $V_p(f)$ eine Norm für $W^p$ konstruieren. So benutzen E.R. Love - L.C. Young [28] die Norm

$$\|f\|_p := |f(a)| + V_p(f) ,$$

A.P. Terehin [41]

$$\|f\|_p := \max\{\|f\|_C; \tfrac{1}{2} V_p(f)\},$$

M. Bruneau [5]

(3.1) $$\|f\|_p := \|f\|_C + V_p(f)$$

Diese Normen sind untereinander äquivalent, was leicht nachzuweisen ist. Im folgenden wollen wir immer mit der Norm aus (3.1) arbeiten, wobei $V_p(f)$ jedoch gemäß (2.8) zu verstehen ist. Dann gilt:

*Lemma 2:* *Für $1 \leq p \leq \infty$ ist $W^p$ unter der Norm $\|\circ\|_p$ eine kommutative Banachalgebra mit Einselement, insbesondere also ein Banachraum.*

Beweis: Es ist klar, daß die Klasse $W^p$ unter $\|\circ\|_p$ ein linearer normierter Raum ist. Um zu zeigen, daß $W^p$ ein Banachraum ist, ist also nur noch der Beweis der Vollständigkeit erforderlich. Ausgehend von einer Cauchyfolge $\{f_n\}_{n \in \mathbb{N}}$ in der $\|\circ\|_p$-Topologie nach

(3.1), erhalten wir wegen der Vollständigkeit des Raumes BM
der beschränkten und meßbaren Funktionen unter der Norm $\|\circ\|_C$
eine Funktion $f \in BM$, die Grenzwert von $\{f_n\}_{n \in \mathbb{N}}$ in der $\|\circ\|_C$-
Topologie ist. Es bleibt also zu zeigen, daß $f \in W^p$ und daß
$\lim_{n \to \infty} V_p(f-f_n) = 0$ ist. Dazu setzen wir für eine beliebige
Zerlegung $Z = \{x_0 < x_1 < \ldots < x_\nu\}$ von $[a,b]$

$$g_{n,Z}^k = \begin{cases} f_n(x_{k+1}) - f_n(x_k) , & (k = 0,1,\ldots,\nu), \\ 0 , & (k > \nu). \end{cases}$$

Dann ist $g_{n,Z} := \{g_{n,Z}^k\}_{k=0}^{\infty}$ aus $l^p$, dem Raum aller Zahlenfolgen
$g = \{g^k\}_{k=0}^{\infty}$, für die die Norm $\|g\|_{l^p} := \{\sum_{k=0}^{\infty} |g^k|^p\}^{1/p}$ endlich ist.
Weiter gilt

$$\|g_{n,Z}\|_{l^p} \leq V_p(f_n)$$

und

$$\|g_{n,Z} - g_{m,Z}\|_{l^p} \leq V_p(f_n - f_m) \to 0 \qquad (n,m \to \infty)$$

gleichmäßig für alle $Z$. Also ist $\{g_{n,Z}\}_{n \in \mathbb{N}}$ eine Cauchyfolge in
$l^p$, die wegen der Vollständigkeit von $l^p$ einen Grenzwert
$g_Z = \{g_Z^k\}_{k=0}^{\infty} \in l^p$ hat. Es gilt dann

$$|f(x_{k+1}) - f(x_k) - g_Z^k|$$
$$\leq |f(x_{k+1}) - f(x_k) - f_n(x_{k+1}) - f_n(x_k)| + |f_n(x_{k+1}) - f_n(x_k) - g_Z^k|$$
$$\leq 2\|f-f_n\|_C + \|g_{n,Z} - g_Z\|_{l^p} \to 0 \qquad (n \to \infty).$$

Somit ist also

$$g_Z^k = \begin{cases} f(x_{k+1}) - f(x_k) , & (k = 0,1,\ldots,\nu), \\ 0 , & (k > \nu), \end{cases}$$

und

$$\{\sum_{k=0}^{\nu} |f(x_{k+1}) - f(x_k)|^p\}^{1/p} = \|g_Z\|_{l^p}$$

$$\leq \lim_{n \in \mathbb{N}} \sup \|g_n, Z\|_{l^p} \leq \lim_{n \in \mathbb{N}} \sup V_p(f_n) = M < \infty$$

für jede Zerlegung Z. Also ist $f \in W^p$. Sei nun $\varepsilon > 0$ beliebig vorgegeben und Z eine beliebige Zerlegung, dann gilt

$$\{\sum_{k=0}^{\nu} |f(x_{k+1}) - f_j(x_{k+1}) - f(x_k) + f_j(x_k)|^p\}^{1/p}$$

$$\leq \|g_Z - g_{m,Z}\|_{l^p} + \|g_{m,Z} - g_{j,Z}\|_{l^p}$$

$$\leq \|g_Z - g_{m,Z}\|_{l^p} + V_p(f_m - f_j) < 2\varepsilon ,$$

falls $m > j$ groß genug sind. Also gilt, daß $\lim_{n \to \infty} V_p(f - f_n) = 0$, womit die Vollständigkeit von $W^p$, $1 \leq p < \infty$, gezeigt ist. Im Fall $p = \infty$ ist $W^\infty = BM$, für den das Ergebnis bekannt ist.

Es ist offensichtlich, daß $W^p$ als Funktionenraum mit der punktweisen Multiplikation eine kommutative Algebra mit Einselement ist. Somit bleibt zu zeigen, daß

$$\|f \cdot g\|_p \leq \|f\|_p \cdot \|g\|_p \qquad (f, g \in W^p).$$

Für eine beliebige Zerlegung Z gilt nun

$$\{\sum_{k=0}^{\nu} |(f \cdot g)(x_{k+1}) - (f \cdot g)(x_k)|^p\}^{1/p}$$

$$\leq \|f\|_C \{\sum_{k=0}^{\nu} |g(x_{k+1}) - g(x_k)|^p\}^{1/p} + \|g\|_C \{\sum_{k=0}^{\nu} |f(x_{k+1}) - f(x_k)|^p\}^{1/p} ,$$

und somit

$$V_p(f \cdot g) \leq \|f\|_C V_p(g) + \|g\| V_p(f) ,$$

also auch

$$\|f \cdot g\|_p = \|f \cdot g\|_C + V_p(f \cdot g) \le (\|f\|_C + V_p(f))(\|g\|_C + V_p(g))$$

$$\le \|f\|_p \cdot \|g\|_p$$

für $1 \le p < \infty$ (für $p = \infty$ analog), womit Lemma 2 bewiesen ist.

□

Wie man leicht sieht, gilt für die Funktionen

$$f_s(x) = \begin{cases} 0, & x \in [a,s] \\ 1, & x \in (s,b] \end{cases} \quad (s \in [a,b]),$$

$$\|f_s - f_t\|_p = \|f_s - f_t\|_C + V_p(f_s - f_t) \ge 1 + 2^{1/p} > 1$$

falls $s \ne t$. Somit ist also $W^p$, $1 \le p \le \infty$, nicht separabel, also ist auch die Menge der (algebraischen bzw. trigonometrischen) Polynome nicht dicht in $W^p$ (vgl. J. Musielak - W. Orlicz [30]). Ein Weierstraß-Satz kann also für $W^p$ nicht möglich sein. Da die $\|\circ\|_p$-Topologie feiner ist als die $\|\circ\|_C$-Topologie, ist nicht einmal zu erwarten, daß jede stetige $W^p$-Funktion in der $\|\circ\|_p$-Topologie durch Polynome approximiert werden kann. Wie wir (im Fall periodischer Funktionen) jedoch sehen werden, wird dies genau für Funktionen aus gewissen "stetigen" Teilräumen $V^p$ aus $W^p$ möglich sein.


## 3.2 Die Teilräume $V^p$

*Definition 3:* *Für $1 \le p < \infty$ ist $V^p[a,b]$ (bzw. $V^p_{2\pi}$, einheitliche Kurzbezeichnung $V^p$) der Raum der auf $[a,b]$ definierten Funktionen (bzw. der auf $\mathbb{R}$ definierten $2\pi$-periodischen Funktionen), für die gilt:*

$\varepsilon > 0$ *gibt es ein* $\delta > 0$, *so daß für jede endliche* $\{(a_k,b_k)\}_{k=1}^{n}$ *von paarweise disjunkten Teilintervallen* $(a_k,b_k) \subset [a,b]$ *(bzw.* $[0,2\pi]$*) mit*

$$\{\sum_{k=1}^{n} (b_k-a_k)^p\}^{1/p} < \delta$$

*gilt*

$$\{\sum_{k=1}^{n} |f(b_k) - f(a_k)|^p\}^{1/p} < \varepsilon$$

Das Analogon dieser Eigenschaft für den Fall $p = \infty$ bedeutet genau die gleichmäßige Stetigkeit. Wir sehen in diesem Fall also

$$V^\infty[a,b] = C[a,b] \quad (\text{bzw. } V^\infty_{2\pi} = C_{2\pi}) ,$$

wobei $C[a,b]$ den Raum der auf $[a,b]$ stetigen Funktionen bezeichnet und $C_{2\pi}$ den Raum der auf $\mathbb{R}$ stetigen $2\pi$-periodischen Funktionen. Abkürzend benutzen wir auch die Bezeichnung $C$ für $C[a,b]$ bzw. $C_{2\pi}$. Für $1 \leq p < \infty$ geht obige Definition auf E.R. Love [27] zurück. Für $p = 1$ reproduziert sie den Raum $V^1 = AC$ der absolut stetigen Funktionen (vgl. Definition 3 auch mit (2.5)).

Um die Räume $V^p$ zu erhalten, kann man auch folgendermaßen vorgehen. Man definiert zunächst für $1 \leq p \leq \infty$ die Räume $C^p$ durch (vgl.(2.4))

$$C^p := \{f \in W^p; \lim_{\delta \to 0+} V^\delta_p(f) = 0\}$$

(vgl. J. Musielak - W. Orlicz [30], A.P. Terehin [41]), und erhält im Fall $p = \infty$ wieder den Raum $C^\infty = C$, aber im Fall $p = 1$ nur den (trivialen) Raum $C^1 = K$ der konstanten Funktionen. Wie wir aber noch sehen werden, stimmen die Räume $V^p$ und $C^p$ für $1 < p \leq \infty$ überein (Lemma 3).

Ein dritter Zugang zu diesen Räumen benutzt die Größe

$$Sp(f) := \begin{cases} \{\sum_{k=1}^{\infty} |f(y_k+) - f(y_k)|^p + |f(y_k) - f(y_k-)|^p\}^{1/p} & (1 \leq p < \infty), \\ \sup_{k \in \mathbb{N}} \{|f(y_k+) - f(y_k)|; |f(y_k) - f(y_k-)|\} & (p = \infty), \end{cases}$$

wobei $f(y_k+)$ bzw. $f(y_k-)$ den rechts- bzw. linksseitigen Grenzwert der Funktion $f$ in den abzählbar vielen Unstetigkeitsstellen $\{y_k, k \in \mathbb{N}\}$ erster Art bezeichnet (siehe Lemma 1(ii)). Dann sind die Räume $W*^p$ und $CW*^p$, $1 \leq p \leq \infty$, definiert durch

$$W*^p := \{f \in W^p; \lim_{\delta \to 0+} V_p^{\delta}(f) = S_p(f)\}, \quad CW*^p = C \cap W*^p .$$

Diese Definition von $W*^p$ ist in ähnlicher Form von E.R. Love - L.C. Young [29] gegeben worden. Auch hier gilt in den Grenzfällen $p = 1$ bzw. $p = \infty$ $CW*^1 = K$ bzw. $CW*^\infty = C$. Insgesamt erhalten wir die folgenden Inklusionen, die nun tabellarisch aufgeführt werden.

*Lemma 3:* Im Sinne echter Inklusion gelten die Aussagen

I. *Für* $1 \leq q < p < \infty$ *gilt*

$$\begin{array}{ccccc} W^q & \subset & W*^p & \subset & W^p \\ \cup & & \cup & & \cup \\ CW^q \subset C^p & = & CW*^p & = & V^p \subset CW^p \end{array}$$

II. *Setzt man*

$$CBV := C \cap BV, \quad CW^p := C \cap W^p \qquad (1 \leq p \leq \infty),$$

*dann gilt für* $1 < q < p < \infty$

$$
\begin{array}{ccccccccc}
BV & = & W^1 & \subset & W^q & \subset & W^p & \subset & W^\infty & = & BM \\
& & \cup & & \cup & & \cup & & \cup & & \\
CBV & = & CW^1 & \subset & CW^q & \subset & CW^p & \subset & CW^\infty & = & C \\
& & \cup & & \cup & & \cup & & \| & & \\
AC & = & V^1 & \subset & V^q & \subset & V^p & \subset & V^\infty & = & C \\
& & \cup & & \| & & \| & & \| & & \\
K & = & C^1 & \subset & C^q & \subset & C^p & \subset & C^\infty & = & C \\
& & \| & & \| & & \| & & \| & & \\
K & = & CW*^1 & \subset & CW*^q & \subset & CW*^p & \subset & CW*^\infty & = & C \\
\end{array}
$$

<u>Beweis:</u> I. Die Aussagen der Spalten der Tabelle I sind jeweils trivial. Die erste Zeile ist in E.R. Love - L.C. Young [29] bewiesen worden, jedoch ohne Angabe von Beispielen, die die Echtheit der Inklusionen zeigen. In E.R. Love [27] ist zunächst nachgewiesen worden, daß $V^p = CW*^p$. Es werden dort die Funktionen $h_p$ und $g_p$ angegeben,

$$h_p(x) := \frac{x^{1/p}}{\log x} \cos^2(\pi/x) ,$$

$$g_p(x) := \sum_{j=1}^\infty c^{-j/p} \sin(c^j x),$$

für die bei genügend großem c gilt:

$$g_p \in CW^p , \quad g_p \notin CW*^p = V^p$$

$$h_p \notin CW^q , \quad h_p \in CW*^p = V^p .$$

Dies zeigt die Echtheit der Inklusionen der zweiten Zeile, und wegen der Stetigkeit von $h_p$ und $g_p$ auch die der ersten Zeile. Somit bleibt für Tabelle I nur noch zu zeigen, daß $C^p = CW*^p$, $1 < p < \infty$. Daß $CW*^p \subseteq C^p$ ist, folgt sofort aus den Definitionen, und die Beziehung $C^p \subseteq CW*^p$ erhält man aus $C^p \subseteq C$, $1 < p < \infty$, was $S_p(f) = 0 = \lim_{\delta \to 0+} V_p^\delta(f)$ liefert. Zu zeigen ist also noch, daß aus $f \in C^p$ auch $f \in C$ folgt.

Sei also $f \in C_p$. Da es zu $x,y$ mit $0 < y-x < \delta$ immer eine Zerlegung $Z$ gibt mit $x_{k_o} = x$, $x_{k_o+1} = y \in Z$ und $\|Z\| < \delta$, folgt wegen

$$|f(x) - f(y)| \leq \sup_{o \leq k < n} |f(x_{k+1}) - f(x_k)|$$

$$\leq \{\sum_{k=o}^{n-1} |f(x_{k+1}) - f(x_k)|^p\}^{1/p} \leq v_p^\delta(f) \to 0$$

für $\delta \to 0+$ die Stetigkeit von $f$.

II. Aus Tabelle I folgen größtenteils die Zeilen der Tabelle II. Lediglich die Beziehungen zum Grenzfall $p = \infty$ müssen noch gezeigt werden. Für die erste Zeile folgt dies aus Lemma 1(i), und somit auch für die zweite Zeile. Da wir im Beweis zu Tabelle I bereits $C^p \subseteq C$ gezeigt haben, und $C^p = V^p = CW*^p$, $1 < p < \infty$, sind die Aussagen der Zeilen also vollständig bewiesen. Von den Spalten ist nur die dritte Spalte zu zeigen, da die Grenzfälle $p = 1$, $p = \infty$ klar sind (und die zweite Spalte ohnehin identisch mit der dritten ist). Diese folgt aber auch aus Tabelle I, und zwar aus der zweiten Zeile zusammen mit der dritten Spalte.

□

Bemerkungen: Den Beweis zu $W^q \subset W^p$, $1 \leq q < p \leq \infty$, findet man auch in L.C. Young [48], B.I. Golubov [19] und R.N. Siddiqi [36], wobei man die Echtheit der Inklusion mit der stetigen Funktion

$$f_q(x) = \begin{cases} x^{1/q} \sin 2\pi x, & x > 0, \\ 0, & x = 0, \end{cases}$$

nachweisen kann. Damit ist dann auch gleichzeitig nochmals die zweite Zeile der Tabelle II gezeigt.

Da der Raum $C^{(1)}$ der stetig differenzierbaren Funktionen im Raum der absolut stetigen Funktionen enthalten ist, gilt auch die Inklusionskette

$$C^{(1)} \subset AC \subset V^p \subset W^p \qquad (1 \leq p \leq \infty).$$

Die Gleichheit der Funktionenräume $V^p$ und $C^p$ folgt ebenfalls aus J. Musielak - W. Orlicz [36]. In B.I. Golubov [20] ist auch darauf hingewiesen worden.

Als Beispiel für die Echtheit der Inklusion $AC \subset CBV$ aus der ersten Spalte von Tabelle II dient die bekannte Cantor-Funktion, die stetig und monoton, aber nicht absolut stetig ist. Wie auch in Abschnitt 4.2 bemerkt wird, unterscheiden sich die Beweismethoden in den klassischen Fällen $p = 1$, $p = \infty$ oft erheblich von denen, die in den Fällen $1 < p < \infty$ zum Ziel führen.

## 4. Approximationstheorie in den Räumen $V_{2\pi}^p$

### 4.1 Grundlagen

Um die Theorie der besten Approximation in den Räumen $V_{2\pi}^p$ zu untersuchen, werden zunächst die notwendigen Hilfsmittel in der hier benötigten Form kurz bereitgestellt.

Sei X ein linearer normierter Raum mit Norm $\|\circ\|_X$ und $\{M_n\}_{n \in \mathbb{N}}$ eine Folge von linearen Teilräumen mit der Monotonieeigenschaft $M_n \subset M_{n+1}$, $n \in \mathbb{N}$, und der Weierstraß-Eigenschaft

(4.1) $$\lim_{n \to \infty} E_n(f;X) = 0, \qquad (f \in X),$$

wobei der Fehler der besten Approximation definiert ist durch

$$E_n(f;X) := \inf_{g \in M_n} \|f-g\|_X .$$

Weiter fordern wir, daß für jedes $f \in X$, $n \in \mathbb{N}$, ein Element $g_n^*(f) \in M_n$ mit der Minimaleigenschaft $\|f-g_n^*(f)\|_X = E_n(f;X)$ existiere. Die Glattheitseigenschaften werden mit Hilfe des K-Funktionals

$$K(t,f;X,Y) := \inf_{g \in Y}\{\|f-g\|_X + t|g|_Y\} \qquad (f \in X, t \geq 0)$$

beschrieben, wobei Y ein Teilraum von X sei, versehen mit einer Halbnorm $|\circ|_Y$. Die Approximationsordnungen werden beschrieben durch positive, monoton wachsende Funktionen $\varphi : [0,1] \to \mathbb{R}$ mit $\lim_{t \to 0+}\varphi(t) = \varphi(0) = 0$. Folgender allgemeiner Approximationssatz von P.L. Butzer - K. Scherer [14;15] (siehe auch [8;9;25]) wird benötigt:

*Lemma 4: Die Räume $X$, $Y$, $\{M_n\}_{n \in \mathbb{N}}$ mögen die oben beschriebenen Bedingungen erfüllen, mit $M_n \subset Y$, $n \in \mathbb{N}$, und einer Jackson-Ungleichung der Ordnung $\alpha > 0$ bezüglich Y:*

$(J_Y)_\alpha$ $\qquad E_n(f;X) \leq c_{\alpha,Y} n^{-\alpha}|f|_Y \qquad (f \in Y, n \in \mathbb{N})$[*)]

*und einer Bernstein-Ungleichung der Ordnung $\alpha > 0$ bezüglich Y:*

$(B_Y)_\alpha$ $\qquad |g|_Y \leq c'_{\alpha,Y} n^\alpha \|g\|_X \qquad (g \in M_n, n \in \mathbb{N}).$

*Ferner sei Z ein zweiter Teilraum von X mit $M_n \subset Z$, $n \in \mathbb{N}$, versehen mit einer Halbnorm $|\circ|_Z$, so daß Z unter der Norm $\|\circ\|_Z := \|\circ\|_X + |\circ|_Z$ ein Banachraum ist. Bezüglich Z gelte*

---

[*)] Hier und im folgenden bezeichnet c bzw. c' eine positive Konstante, deren Wert jeweils verschieden sein kann und von den angegebenen Indizes abhängt.

*ebenfalls eine Jackson- und eine Bernstein-Ungleichung $(J_Z)_\beta$ und $(B_Z)_\beta$ der Ordnung $\beta \geq 0$. Falls die Ordnungsfunktion $\varphi$ dann den Bedingungen*

(4.2) $$\int_0^t u^{-1-\beta}\varphi(u)du = O(t^{-\beta}\varphi(t)) \qquad (t \to 0+),$$

(4.3) $$\int_t^1 u^{-1-\alpha}\varphi(u)du = O(t^{-\alpha}\varphi(t)) \qquad (t \to 0+),$$

*genügt, sind die folgenden Aussagen für $f \in X$ äquivalent:*

(i) $\qquad E_n(f;X) = O(\varphi(1/n)) \qquad (n \to \infty),$

(ii) $\qquad |g_n^*(f)|_Y = O(n^\alpha \varphi(1/n)) \qquad (n \to \infty),$

(iii) $\qquad f \in Z$ und $|f-g_n^*(f)|_Z = O(n^\beta \varphi(1/n)) \quad (n \to \infty),$

(iv) $\qquad K(t^\alpha, f; X, Y) = O(\varphi(t)) \qquad (t \to 0+).$

*Von diesen vier Aussagen sind (i) und (ii), und im allgemeinen nur diese beiden, auch dann äquivalent, wenn die Bedingungen an $Z$ oder (4.2) für das $\beta$ aus $(J_Z)_\beta$ oder $(B_Z)_\beta$ nicht erfüllt sind.*


### 4.2 Überprüfung der Voraussetzungen

Wir wollen Lemma 4 in der Situation $X = V_{2\pi}^p$ mit $\|\circ\|_X = \|\circ\|_p$, $M_n = \Pi_n$ = Menge der trigonometrischen Polynome vom Grad $\leq n$, $Y = V_{2\pi}^{p(r)} := \{f \in V_{2\pi}^p; f^{(j)} \in V_{2\pi}^p, j = 0,1,\ldots,r\}$ mit Halbnorm $|f|_Y := \|f^{(r)}\|_p$ und $Z = V_{2\pi}^{p(s)}$, $r,s \in \mathbb{N}$, anwenden. Offensichtlich gilt dann $M_n \subset M_{n+1}$, $n \in \mathbb{N}$, und $M_n \subset Y$, $M_n \subset Z$, $n \in \mathbb{N}$.

Die Weierstraß-Eigenschaft (4.1) erhält man aus dem folgenden Lemma mit Hilfe der Fejérschen arithmetischen Mittel $\sigma_n(f)$:

(4.4) $$\sigma_n(f)(x) := \sum_{k=-n}^{+n} (1 - \frac{|k|}{n+1}) f^{\wedge}(k) e^{ikx}$$

$$= \frac{1}{n+1} \sum_{k=0}^{n} S_k(f)(x) \qquad (x \in \mathbb{R}, n \in \mathbb{N}),$$

wobei

$$f^{\wedge}(k) := \frac{1}{2\pi} \int_0^{2\pi} f(u) e^{-iku} du \qquad (k = 0, \pm 1, \ldots)$$

die Fourierkoeffizienten von $f$ sind und

(4.5) $$S_n(f)(x) := \sum_{k=-n}^{+n} f^{\wedge}(k) e^{ikx} \qquad (x \in \mathbb{R}, n \in \mathbb{N}).$$

die n-te Teilsumme der Fourierreihe von f(an der Stelle $x \in \mathbb{R}$) ist.

*Lemma 5: Sei $1 \leq p \leq \infty$, f eine $2\pi$-periodische Lebesgue-integrierbare Funktion auf $\mathbb{R}$. Dann sind äquivalent:*

(i) $\qquad\qquad f \in V_{2\pi}^p$,

(ii) $\qquad\qquad V_p(\sigma_n(f)-f) \to 0 \qquad\qquad (n \to \infty)$,

(iii) $\qquad\qquad V_p(T_h f - f) \to 0 \qquad\qquad (h \to 0)$,

Im Fall p = 1 sind diese Aussagen von N. Wiener - R.C. Young [47] und H.D. Ursell [44] diskutiert worden; für p = ∞ reproduziert Lemma 5 klassische Ergebnisse der Analysis. Im Fall 1 < p < ∞ folgt die Aussage von Lemma 5 aus Ergebnissen von E.R. Love [27], wobei sich die Beweismethoden in diesen drei Fällen erheblich unterscheiden.

Da $\sigma_n(f) \in \Pi_n$, gilt

$$E_n(f;V_{2\pi}^p) \leq \|\sigma_n(f)-f\|_p = \|\sigma_n(f)-f\|_C + V_p(\sigma_n(f)-f),$$

woraus wegen (i) → (ii) aus Lemma 5 und dem klassischen Fejér-Satz, d.h. $\lim_{n\to\infty} \|\sigma_n(f)-f\|_C = 0$ für $f \in C_{2\pi}$, die Weierstraß-Eigenschaft (4.1) folgt. Die Existenz eines Polynoms (Elements) bester Approximation $g_n^*(f) \in \Pi_n$ folgt unmittelbar aus der Tatsache, daß die Dimension von $\Pi_n$ endlich ist. Weiter zeigt E.R. Love [27], daß jede Funktion $f \in W^p$, für die für jedes $\varepsilon > 0$ eine Funktion $g_\varepsilon \in V^p$ mit $V_p(f-g_\varepsilon) < \varepsilon$ existiert, auch aus $V^p$ ist. Daraus folgt aber die Abgeschlossenheit des Teilraums $V^p$ von $W^p$ in der $\|\circ\|_p$-Topologie. Wir erhalten also:

*Lemma 6:* Der Teilraum $V^p$, $1 \leq p \leq \infty$, ist unter der Norm $\|\circ\|_p$ ein Banachraum.

Wegen Lemma 6 sind dann auch die Räume $Z = V_{2\pi}^{p(s)}$ vollständig unter der Norm $\|f\|_Z = \|f\|_p + \|f^{(s)}\|_p$, $s \in \mathbb{N}$.

Aus Lemma 5 (i) → (iii) erhalten wir die Stetigkeit der Translationshalbgruppe $\{T_h\}_{h \geq 0}$ (siehe (2.7)), was die Stetigkeit der Funktion f in der $\|\circ\|_p$-Topologie bedeutet. Somit gilt für den Stetigkeitsmodul ($r \in \mathbb{N}$, $1 \leq p \leq \infty$)(siehe (2.9))

$$\omega_r(f,t;V_{2\pi}^p) := \sup_{0 < |h| \leq t} \|\Delta_h^r f\|_p \qquad (f \in V_{2\pi}^p, t \geq 0),$$

und für das K-Funktional in dieser konkreten Situation die Beziehung:

(4.6) $\quad c_r \omega_r(f,t;V_{2\pi}^p) \leq K(t^r, f; V_{2\pi}^p, V_{2\pi}^{p(r)}) \leq c_r' \omega_r(f,t;V_p^{2\pi})$

für alle $f \in V_{2\pi}^p$, $t \geq 0$, $r \in \mathbb{N}$ und $1 \leq p \leq \infty$ (vgl. P.L. Butzer - H. Berens [7, S.191 ff]).

Für die Gültigkeit von Jackson- und Bernstein-Ungleichungen ist die Translationsinvarianz (vgl.(2.6))

$$\|T_h f\|_p = \|f\|_p \qquad (f \in V_{2\pi}^p, \; 1 \leq p \leq \infty)$$

von besonderer Bedeutung. Dann ist nämlich $V_{2\pi}^p$ im Sinne von H.S. Shapiro [35,S.206] ein homogener Banachraum, da die Kriterien

(H1)' : $T_h$ ist eine Isometrie von $V_{2\pi}^p$ auf sich,

(H2)' : $T_h$ ist stetig in h (Lemma 5(iii)),

(H3)' : $f \in V_{2\pi}^p$ ist gleichmäßig lokal integrierbar, d.h.:

$$\int_0^1 |f(x+h)| dx \leq c \|f\|_p \qquad (h \in \mathbb{R}),$$

wegen $|f(x+h)| \leq \|f\|_C \leq \|f\|_p$ mit $c = 1$ erfüllt sind. Wir erhalten dann unmittelbar aus [35,S.211] die Jackson-Ungleichung

$$E_n(f, V_{2\pi}^p) \leq c_r \|f^{(r)}\|_p n^{-r} \qquad (f \in V_{2\pi}^{p(r)}, \; n \in \mathbb{N}).$$

In diesem Rahmen erhält man dann auch die Bernstein-Ungleichung (siehe auch R.P. Feinermann - D.J. Newman [18, S.138-142]).

(4.7)  $$\|g_n^{(r)}\|_p \leq n^r \|g_n\|_p \qquad (g_n \in \Pi_n, n \in \mathbb{N}).$$

Die Ungleichung (4.7) gilt auch in der $V_p(\circ)$-Halbnorm. In dieser Formulierung reproduziert sie für $p = 1$ ein Ergebnis in A. Zygmund [50,S.21], für $1 < p < \infty$ siehe A.P. Terehin [41], (vgl. [23],[31]).

Da die Approximationsordnungen $\psi(t) = t^\tau, r < \tau < s$, die Bedingungen (4.2 - 3), und $\varphi(t) = (1 + \log 1/t)^{-1}$ die Bedingung (4.3) erfüllen, ist es also möglich, Lemma 4 anzuwenden. Dies ergibt den folgenden Satz.

## 4.3 Hauptsatz für die beste Approximation in $V_{2\pi}^p$

**Satz 1** *Für $1 \leq p \leq \infty$, $0 < r < \tau < s$, $r,s \in \mathbb{N}$ und $f \in V_{2\pi}^p$ sind folgende Aussagen äquivalent:*

(i) $\qquad E_n(f;V_{2\pi}^p) = O(n^{-\tau}) \qquad (n \to \infty)$,

(ii) $\qquad \|g_n^*(f)\|_p = O(n^{s-\tau}) \qquad (n \to \infty)$,

(iii) $\qquad f \in V_{2\pi}^{p(r)}$ und $\|f^{(r)} - g_n^*(f)^{(r)}\|_p = O(n^{r-\tau}) \quad (n \to \infty)$,

(iv) $\qquad K(t^s,f;V_{2\pi}^p,V_{2\pi}^{p(s)}) = O(t^\tau) \qquad (t \to 0+)$,

(v) $\qquad \omega_r(f,t;V_{2\pi}^p) = O(t^\tau) \qquad (t \to 0+)$.

*Ferner sind äquivalent:*

(i)' $\qquad E_n(f;V_{2\pi}^p) = O(1/\log n) \qquad (n \to \infty)$,

(iv)' $\qquad K(t,f;V_{2\pi}^p,V_{2\pi}^{p(s)}) = O(1/\log(1/t)) \qquad (t \to 0+)$,

(v)' $\qquad \omega_r(f,t;V_{2\pi}^p) = O(1/\log(1/t)) \qquad (t \to 0+)$.

Dabei sind die Äquivalenzen (iv) ↔ (v) bzw. (iv)' ↔ (v)' Konsequenzen von (4.6). In der Richtung (iv) ⇒ (i) gilt sogar der Jackson-Typ-Satz

(4.8) $\quad E_n(f;V_{2\pi}^p) \leq K(c_s n^{-s}, f; V_{2\pi}^p, V_{2\pi}^{p(s)}) \qquad (f \in V_{2\pi}^p, n \in \mathbb{N})$

bzw.

(4.8)' $\quad E_n(f,V_{2\pi}^p) \leq c_s' \omega_s(f,n^{-1};V_{2\pi}^p) \qquad (f \in V_{2\pi}^p, n \in \mathbb{N})$.

Die Umkehrungen (i) ⇒ (iv),(v) bzw. (i)' ⇒ (iv)',(v)' sind Sätze vom Bernstein Typ. Die Richtung (i) ⇒ (ii) entspricht einem Satz vom Zamansky-Typ über das Wachstum der Normen der Ableitungen der Polynome bester Approximation. Die Richtung (i) → (iii) wurde für den Raum $C_{2\pi}$ zuerst von Stečkin bewiesen. Für den Raum $C_{2\pi}$ sind die entsprechenden Umkehrungen (ii) → (i) und (iii) → (i) mit den Namen P.L. Butzer - S. Pawelke [13] und G. Sunouchi [39] verbunden.

Den Jackson-Satz (4.8)' und eine Bemerkung über die Gültigkeit eines Bernstein-Satzes findet man auch bei A.P. Terehin [41], ebenfalls unter Hinweis auf die Homogenität des Raumes $V_{2\pi}^p$.

Der Äquivalenzsatz (Satz 1) enthält also die wichtigsten Typen der Sätze aus der klassischen Theorie der besten Approximation. Er erlaubt ferner eine Reihe von Folgerungen, die in den nächsten Abschnitten behandelt werden.

4.4 <u>Lipschitzklassen in $V_{2\pi}^p$</u>

Definieren wir mit Hilfe des Stetigkeitsmoduls die Lipschitzklassen

$$\text{Lip}_r(\alpha;V_{2\pi}^p) := \{f \in V_{2\pi}^p, \omega_r(f,t;V_{2\pi}^p) = O(t^\alpha), t \to 0+\}$$

für $1 \le p \le \infty$, $0 < \alpha \le r$, $r \in \mathbb{N}$, dann gilt mit Satz 1, wie im klassischen Fall,

<u>Satz 2</u> *Unter den Voraussetzungen von Satz 1 sind die folgenden Aussagen (v)\*,(vi) - (viii) äquivalent zu den Aussagen (i) - (v) aus Satz 1:*

(v)* $\qquad\qquad f \in \text{Lip}_s(\tau;V_{2\pi}^p)$ ,

(vi)  $f^{(r)} \in \text{Lip}_k(\tau-r; V_{2\pi}^p)$     $(\tau-r < k, k \in \mathbb{N})$,

(vii)  $f^{(r)} \in \text{Lip}_{s-r}(\tau-r; V_{2\pi}^p)$,

(viii)  $f^{(r)} \in \begin{cases} \text{Lip}_1(\tau-r, V_{2\pi}^p) & (0 < \tau-r < 1), \\ \text{Lip}_2(\tau-r, V_{2\pi}^p) & (0 < \tau-r < 2). \end{cases}$

Beweis: Die Aussage (v)* ist nur eine andere Formulierung für (v). Hat man (v), so gilt wegen (iii) für die Funktion $f^{(r)}$ die Aussage (i) mit Ordnung $O(n^{-(\tau-r)})$ und somit auch (v) für die Funktion $f^{(r)}$ mit der Ordnung $O(n^{-(\tau-r)})$ für jede natürliche Zahl $k > \tau-r$. Also folgt (vi). Die Aussage (vii) folgt aus (vi) durch die Wahl $k = s-r$. Falls (vii) gegeben ist, erhält man

$$\omega_s(f, t; V_{2\pi}^p) \leq t^r \omega_{s-r}(f^{(r)}, t; V_{2\pi}^p) = O(t^\tau),$$

was gerade (v) bedeutet, wobei diese Ungleichung für die Stetigkeitsmoduli wie in den klassischen Fällen bewiesen wird. Falls $0 < \tau-r < 1$ bzw. $0 < \tau-r < 2$, so kann man in (vi) $k = 1$ bzw. $k = 2$ wählen, woraus die Äquivalenz von (viii) zu den anderen Aussagen folgt. □

Aus Satz 2 erhält man sofort ferner

(4.9)  $\text{Lip}_s(\beta; V_{2\pi}^p) \subset \text{Lip}_s(\alpha; V_{2\pi}^p) = \text{Lip}_r(\alpha; V_{2\pi}^p)$

für $\alpha < \beta < s \leq r$, $s, r \in \mathbb{N}$, $1 \leq p \leq \infty$. Weiter gilt für $s \geq r$

$$AC_{2\pi}^{(r)} \equiv V_{2\pi}^{1(r)} \subset \text{Lip}_s(r; V_{2\pi}^1) \subset \text{Lip}_s(r; V_{2\pi}^p) \quad (1 < p \leq \infty).$$

## 4.5 Fehlerschranken für $S_n(f)$ und $\sigma_n(f)$

Für die n-ten Teilsummen der Fourierreihe (vgl.(4.5)) ist bekannt (siehe L.C. Young [48], A. Baernstein II [2], B.I. Golubov [22]), daß

(4.10) $\qquad \lim_{n\to\infty} \| S_n(f)-f \|_C = 0 \qquad (f \in CW_{2\pi}^p, 1 \leq p < \infty).$

Für Funktionen aus $V_{2\pi}^p$ erhalten wir nun mit Hilfe der Jackson-Typ-Sätze (4.8), (4.8)' folgende Approximationsaussage mit Ordnung:

*Satz 3* Für $f \in V_{2\pi}^p$, $1 < p < \infty$, gilt

$$\| S_n(f)-f \|_C \leq \tfrac{2}{9}(p+17/8) K(c_s n^{-s}, f; V_{2\pi}^p, V_{2\pi}^{p(s)}) \qquad (n \in \mathbb{N})$$

*bzw.*

$$\| S_n(f)-f \|_C \leq p c_s' \omega_s(f, n^{-1}; V_{2\pi}^p) \qquad (n \in \mathbb{N}).$$

*Insbesondere gilt für* $f \in \text{Lip}_s(\alpha, V_{2\pi}^p), \alpha \leq s$,

$$\| S_n(f)-f \|_C = O(n^{-\alpha}) \qquad (n \to \infty).$$

Beweis: Nach A.P. Terehin [41;42] gilt für die Norm $(1 < p < \infty)$

$$\| S_n - I \|_{[V_{2\pi}^p, C_{2\pi}]} \leq 2^{1-1/p} \pi^{-2} [\xi_n(\tfrac{p}{p-1})]^{1-1/p} + r_{n,p},$$

wobei

$$\xi_n(u) = \sum_{k=1}^{n} k^{-u}, \qquad 0 < r_{n,p} < 17/8.$$

Da $\xi_n(p/p-1) \leq p$ für $1 < p < \infty$, und

$$\| S_n(f)-f \|_C \leq \| S_n(f-g_n^*(f)) - (f-g_n^*(f)) \|_C +$$
$$+ \| S_n(g_n^*(f)) - g_n^*(f) \|_C \leq$$

$$\leq \|S_n - I\|_{[V_{2\pi}^p, C_{2\pi}]} E_n(f; V_{2\pi}^p) ,$$

folgt die Behauptung sofort aus (4.8) bzw. (4.8)' und der Eigenschaft (4.9) der Lipschitzklassen.
□

Für $p = \infty$ ist bekanntlich (siehe [10,S.105]) an Stelle des Faktors p der Faktor log n zu setzen, wie auch aus der Majoranten $\xi_n(1)$ ersichtlich ist. Im Fall $p = 1$ erhält man aus (4.10) mit dem Uniform Boundedness Principle
$\|S_n - I\|_{[V_{2\pi}^1; C_{2\pi}]} \leq M < \infty$ für alle $n \in \mathbb{N}$, so daß somit die
Aussage des Satzes bis auf eine Konstante auch für $p = 1$ gilt.

Eine weitere Folgerung zu den Sätzen 1,2 ist die folgende Abschätzung in der $V_{2\pi}^p$ - Norm:

*Satz 4: Für die Fejér-Polynome $\sigma_n(f)$ aus (4.4), $n \in \mathbb{N}$, gilt:*

$$\|\sigma_{n-1}(f) - f\|_p \leq \frac{c}{n} \sum_{k=1}^{n} E_k(f; V_{2\pi}^p) \qquad (f \in V_{2\pi}^p, 1 \leq p \leq \infty).$$

*Insbesondere gilt für $f \in \text{Lip}_s(\alpha; V_{2\pi}^p)$, $0 < \alpha < s$, $s \in \mathbb{N}$,*

$$\|\sigma_n(f) - f\|_p = \begin{cases} O(n^{-1}) & , \alpha > 1, \\ O(n^{-1} \log n) & , \alpha = 1, \\ O(n^{-\alpha}) & , \alpha < 1, \end{cases} \qquad (n \to \infty).$$

Beweis: Nach Lemma 5(ii) und dem Uniform Boundedness Principle gilt zunächst für die Operatornormen der Fejérschen Mittel

$$\|\sigma_n\|_{[V_{2\pi}^p; V_{2\pi}^p]} \leq M_p < \infty \qquad (n \in \mathbb{N}, 1 \leq p \leq \infty).$$

(Ob die Konstante $M_p$ wie im Falle des Raumes $C_{2\pi}$ gleich 1 ist, ist uns nicht bekannt.) Für die de La Valleé Poussin Polynome

(4.11) $\quad V_{n,m}(f) := \frac{1}{m+1} \sum_{k=n-m}^{n} S_k(f) \quad (0 \leq m \leq n, n \in \mathbb{P} := \mathbb{N} \cup \{0\})$,

erhalten wir dann wie in de La Valleé Poussin [45,S.34-35] unter Berücksichtigung der Tatsache, daß der Wert von $M_p$ nicht bekannt ist, die Abschätzung

(4.12) $\quad \|V_{n,m}(f)-f\|_p \leq 2M_p \frac{n+1}{m+1} E_{n-m+1}(f;V_{2\pi}^p)$ .

Ausgehend von (4.4) und (4.11) erhalten wir nun die Darstellung ($2^k \leq n < 2^{k+1}$)

$$f - \sigma_{n-1}(f) = \frac{1}{n}\{(1-V_{0,0}(f)) + \sum_{j=1}^{k-1} 2^{j-1}(f-V_{2^j-1, 2^{j-1}-1}(f))$$

$$+ (n-2^{k-1})(f-V_{n-1, n-2^{k-1}-1}(f))\}$$

und mit (4.12) schließlich

$\|\sigma_{n-1}(f)-f\|_p \leq 2M_p \frac{1}{n}\{E_1(f;V_{2\pi}^p) +$

$+ \sum_{j=1}^{k-1} (2^j + 2^{j-1}-1)E_{2^{j-1}}(f;V_{2\pi}^p) + (2n-2^{k-1}-1)E_{n-2^{k-1}}(f;V_{2\pi}^p)$

$\leq 12M_p \frac{1}{n} \sum_{k=1}^{n} E_k(f;V_{2\pi}^p)$ .

Für weitere Einzelheiten siehe S.B. Stečkin [38], wo der Beweis für den Raum $C_{2\pi}$, also $M_p = 1$, ausführlich durchgeführt ist.

□

Dieses Ergebnis für die Fejér-Polynome unterscheidet sich von dem Ergebnis für die n-te Teilsumme $S_n(f)$ (Satz 3) vor allem dadurch, daß der Approximationsfehler nicht nur in der $\|\circ\|_C$-Metrik, sondern in der stärkeren Norm $\|\circ\|_p$ gemessen wird. Für $f \in \text{Lip}_2(1,V_{2\pi}^1)$, insbesondere also für $f \in AC_{2\pi}^{(1)}$ (d.h. $f \in C_{2\pi}$, so daß $f^{(2)}(x)$ fast überall auf $\mathbb{R}$ existiert und absolut integrierbar ist), erhalten wir also nicht nur

$$\|\sigma_n(f)-f\|_C = O(n^{-1}\log n) \qquad (n \to \infty),$$

sondern zusätzlich, daß die Schwankung mit der gleichen Geschwindigkeit verschwindet:

$$V_1(\sigma_n(f)-f) := \sup \sum_{k=0}^{\nu} |[\sigma_n(f)(x_{k+1}) - f(x_{k+1})] - [\sigma_n(f)(x_k) - f(x_k)]|$$

$$= \int_0^{2\pi} |\frac{d}{du}[\sigma_n(f)(u) - f(u)]|du = O(n^{-1}\log n) \qquad (n \to \infty),$$

was eine Aussage über simultane Approximation in der $L_{2\pi}^1$-Norm ist. Im Fall $p = \infty$ reproduziert Satz 4 die bekannten bestmöglichen Approximationsaussagen für $f \in C_{2\pi}$ (vgl. [10,S.82,106]). Die Ergebnisse für $1 < p < \infty$ sind also als intermediäre Approximationsaussagen zu den Grenzfällen $p = \infty$ (gewöhnliche Approximation durch Fejér-Polynome im Raum $C_{2\pi}$) und $p = 1$ (simultane Approximation durch Fejér-Polynome in $L_{2\pi}^1$) zu werten.

## Literaturverzeichnis

[1] Albrycht, J. - J. Musielak, On a class of functions with finite generalized variation. Ganita $\underline{21}$ (1970), 49 - 57.

[2] Baernstein II, A., On the Fourier series of functions of bounded Φ-variation. Studia Math. $\underline{42}$ (1972), 243 - 248.

[3] Brown, G., Continuous functions of bounded n-th variation. Proc. Edinburgh Math. Soc. $\underline{16}$ (1969), 205 - 214.

[4] Brown, G., Continuous functions of bounded n-th variation II. Proc. Roy. Irish Acad. Sect. A $\underline{74}$ (1974), 5 - 16.

[5] Bruneau, M., Calcul de la p-variation d'une fonction. C. R. Acad. Sci. Paris Sér. A $\underline{265}$ (1967), 173 - 176.

[6] Bruneau, M., Variation Totale d'une Fonction. (Lecture Notes in Mathematics 413) Berlin - Heidelberg - New York: Springer, 1974.

[7] Butzer, P.L. - H. Berens, Semi-Groups of Operators and Approximation. Berlin - Heidelberg - New York: Springer, 1967.

[8] Butzer, P.L. - H. Dyckhoff - E. Görlich - R.L. Stens, Best trigonometric approximation, fractional order derivatives and Lipschitz classes. Canad. J. Math. (1977) (im Druck).

[9] Butzer, P.L. - E. Görlich - K. Scherer, Introduction to Interpolation and Approximation. (in Vorbereitung).

[10] Butzer, P.L. - R.J. Nessel, Fourier Analysis and Approximation. Basel - Stuttgart: Birkhäuser, and New York - San Franzisco: Academic Press, 1971.

[11] Butzer, P.L. - W. Oberdörster, Linear functionals on various spaces of continuous functions on R. J. Approximation Theory $\underline{13}$ (1975), 451 - 469.

[12] Butzer, P.L. - W. Oberdörster, Darstellungssätze für beschränkte lineare Funktionale im Zusammenhang mit Hausdorff-, Stieltjes- und Hamburger-Momentenproblemen. Forschungsberichte des Landes Nordrhein-Westfalen Nr. 2515. Opladen: Westdeutscher Verlag, 1975.

[13] Butzer, P.L. - S. Pawelke, Ableitungen von trigonometrischen Approximationsprozessen. Acta Sci. Math. (Szeged) $\underline{28}$ (1967), 173 - 183.

[14] Butzer, P.L. - K. Scherer, On the fundamental approximation theorem of D. Jackson, S.N. Bernstein and theorems of M. Zamansky and S.B. Stečkin. Aequationes Math. 3 (1969), 170 - 185.

[15] Butzer, P.L. - K. Scherer, Über die Fundamentalsätze der klassischen Approximationstheorie in abstrakten Räumen. In: Abstract Spaces and Approximation (edited by P.L. Butzer and B. Sz.-Nagy), ISNM Vol. 10, 113 - 125. Basel: Birkhäuser, 1969.

[16] Čanturija, Z.A., The modulus of variation of a function and its applications in the theory of Fourier series. Soviet Math. Dokl. 15 (1974), 67 - 71.

[17] Dickmeis, G., Über Funktionen von beschränkter p-Variation. RWTH Aachen, 1975.

[18] Feinermann, R.P. - D.J. Newman, Polynomial Approximation. Baltimore: Williams-Wilkens, 1974.

[19] Golubov, B.I., Continuous functions of bounded p-variation. Mat. Zametki 1 (1967), 305 - 312 (= Math. Notes 1 (1967), 203 - 207).

[20] Golubov, B.I., On functions of bounded p-variation. Izv. Akad. Nauk SSSR Ser. Mat. 32 (1968), 837 - 858 (= Math. USSR - Izv. 2 (1968), 799 - 819).

[21] Golubov, B.I., The p-variation of functions. Mat. Zametki 5 (1969), 195 - 204 (= Math. Notes 5 (1969), 119 - 124).

[22] Golubov, B.I., Functions of generalized bounded variation, convergence of their Fourier sums and conjugate trigonometric series. Soviet Math. Dokl. 13 (1972), 1103 - 1107.

[23] Golubov, B.I., Determination of the jump of a function of bounded p-variation by its Fourier series. Mat. Zametki 12 (1972), 19 - 28 (= Math. Notes 12 (1972), 444 - 449 (1973)).

[24] Golubov, B.I., On criteria for the continuity of functions of bounded p-variation. Sibirsk. Mat. Ž. 13 (1972), 1002 - 1015 (= Siberian Math. J. 13 (1972), 693 - 702 (1973)).

[25] Junggeburth, J. - K. Scherer - W. Trebels, Zur besten Approximation auf Banachräumen mit Anwendungen auf ganze Funktionen. Forschungsberichte des Landes Nordrhein-Westfalen Nr. 2311, 51 - 75. Opladen: Westdeutscher Verlag, 1973.

[26] Leśniewicz, R. - W. Orlicz, On generalized variation II. Studia Math. $\underline{45}$ (1973), 71 - 109.

[27] Love, E.R., A generalization of absolute continuity. J. London Math. Soc. $\underline{26}$ (1951), 1 - 13.

[28] Love, E.R. - L.C. Young, Sur une classe de fonctionelles linéaires. Fund. Math. $\underline{28}$ (1937), 243 - 257.

[29] Love, E.R. - L.C. Young, On fractional integration by parts. Proc. London Math. Soc. $\underline{44}$ (1938), 1 - 35.

[30] Musielak, J. - W. Orlicz, On generalized variations I. Studia Math. $\underline{18}$ (1959), 11 - 41.

[31] Nikolski, S.M., Generalization of an inequality of S.N. Bernstein. Dokl. Akad. Nauk SSSR. $\underline{60}$ (1948), 1507 - 1510.

[32] Oskolkov, K.I., Generalized variation, the Banach indicatrix, and the uniform convergence of Fourier series. Mat. Zametki $\underline{12}$ (1972), 313 - 324 (= Math. Notes $\underline{12}$ (1972), 619 - 625 (1973)).

[33] Russell, A.M., On functions of bounded k-th variation. J. London Math. Soc. (1971), 742 - 746.

[34] Russell, A.M., Functions of bounded k-th variation. Proc. London Math. Soc. $\underline{26}$ (1973), 547 - 563.

[35] Shapiro, H.S., Topics in Approximation Theory. (Lecture Notes in Mathematics 187) Berlin - Heidelberg - New York: Springer, 1971.

[36] Siddiqi, R.N., The order of Fourier coefficients of function of higher variation. Proc. Japan Acad. $\underline{48}$ (1972), 569 - 572.

[37] Siddiqi, R.N., Some properties of Fourier-Stieltjes coefficients of a function of Wiener's class $V_p$. Bull. Math. Soc. Sci. R.S. Roumanie. $\underline{16}$ (1972), 105 - 112 (1973).

[38] Stečkin, S.B., The approximation of periodic functions by Fejér sums. Amer. Math. Soc. Transl. $\underline{28}$ (1963), 269 - 282.

[39] Sunouchi, G., Derivatives of a polynomial of best approximation. Jber. Deutsch. Math.-Verein $\underline{70}$ (1968), 165 - 166.

[40] Taberski, R., Some properties of M-variations. Comment. Math. Prace Mat. $\underline{15}$ (1971), 141 - 146.

[41] Terehin, A.P., Die Approximation der Funktionen von beschränkter p-Variation[*]. Izv. Vysš. Učebn. Zaved. Matematika. 45 (1965), 171 - 187.

[42] Terehin, A.P., The Lebesgue constant for the space of functions of bounded p-variation. Mat. Zametki 2 (1967), 505 - 512 (= Math. Notes 5 (1967), 798 - 802).

[43] Terehin, A.P., Functions of bounded p-variation with given order of modulus of p-continuity. Mat. Zametki 12 (1972), 523 - 530 (= Math. Notes 12 (1972), 751 - 755 (1973)).

[44] Ursell, H.D., On the total variation of $\{f(t+\tau) - f(t)\}$. Proc. London Math. Soc. 37 (1934), 402 - 415.

[45] de La Valleé Poussin, C., Leçons sur l'approximations des fonctions d'une variable réelle. Paris: Gauthier-Villars, 1919.

[46] Wiener, N., The quadratic variation of a function and its Fourier coefficients. J. Math. and Phys. 3 (1924), 72 - 94.

[47] Wiener, N. - L.C. Young, The total variation of $g(x+h) - g(x)$. Trans. Amer. Math. Soc. 35 (1933), 327 - 340.

[48] Young, L.C., An inequality of the Hölder type, connected with Stieltjes integration. Acta Math. 67 (1936), 251 - 281.

[49] Young, L.C., Sur une généralisation de la notation de variation de puissance $p^{i\grave{e}me}$ bornée au sens de N. Wiener, et sur la convergence des séries de Fourier. C.R. Acad. Sci. Paris Sér. A 204 (1937), 470 - 472.

[50] Zygmund, A., Trigonometric Series I. New York: Cambridge University Press, 1959.

---

[*] Freundlicherweise ins Deutsche übersetzt von Herrn G. Posanski, Übersetzungsbüro für russische und polnische Fachliteratur der Bibliothek der TH Aachen.

# FORSCHUNGSBERICHTE
## des Landes Nordrhein-Westfalen

*Herausgegeben
im Auftrage des Ministerpräsidenten Heinz Kühn
vom Minister für Wissenschaft und Forschung Johannes Rau*

Die „Forschungsberichte des Landes Nordrhein-Westfalen" sind in zwölf Fachgruppen gegliedert:

Geisteswissenschaften
Wirtschafts- und Sozialwissenschaften
Mathematik / Informatik
Physik / Chemie / Biologie
Medizin
Umwelt / Verkehr
Bau / Steine / Erden
Bergbau / Energie
Elektrotechnik / Optik
Maschinenbau / Verfahrenstechnik
Hüttenwesen / Werkstoffkunde
Textilforschung

Die Neuerscheinungen in einer Fachgruppe können im Abonnement zum ermäßigten Serienpreis bezogen werden. Sie verpflichten sich durch das Abonnement einer Fachgruppe nicht zur Abnahme einer bestimmten Anzahl Neuerscheinungen, da Sie jeweils unter Einhaltung einer Frist von 4 Wochen kündigen können.

## WESTDEUTSCHER VERLAG
5090 Leverkusen 3   Postfach 300 620

GPSR Compliance
The European Union's (EU) General Product Safety Regulation (GPSR) is a set of rules that requires consumer products to be safe and our obligations to ensure this.

If you have any concerns about our products, you can contact us on

ProductSafety@springernature.com

In case Publisher is established outside the EU, the EU authorized representative is:

Springer Nature Customer Service Center GmbH
Europaplatz 3
69115 Heidelberg, Germany

www.ingramcontent.com/pod-product-compliance
Lightning Source LLC
LaVergne TN
LVHW060145080526
838202LV00049B/4091